理财

神奇的银行

乐凡　唯智 著　段张取艺 绘

電子工業出版社
Publishing House of Electronics Industry
北京·BEIJING

因为理财先生的建议，动物城的小动物们都有了自己的零花钱，还学会了合理支配和管理零花钱。他们觉得理财先生太了不起了，很想去感谢他。可是，理财先生住在哪里？是做什么工作的？大家对这些却一无所知。

小动物们对这位理财先生充满了好奇，当他们知道理财先生每天都会路过动物城的中心广场时，便约好一起在广场上等待理财先生的出现。

“看，理财先生来了！”大眼猴最先看到理财先生。

“早上好！”理财先生热情地打招呼，“今天大家怎么都在这里？”

“我们在这里等您，非常感谢您教我们怎么使用零花钱！”小动物们都表达了谢意。

“理财先生，您这是要去哪里？”刺儿头问。

“大家不用客气！我现在要去上班。”理财先生说。

“您在哪里上班呢？”喔喔鸡好奇地问。

“我在银行上班。”理财先生说，“这样吧，我带你们去参观一下我上班的地方。”

理财先生带小动物们来到了一座高高的房子前。

“我工作的地方到了！”理财先生说，“这是动物城不久前新建的银行。”

“这里好大啊！银行是做什么的呢？”大眼猴问。

“银行主要是做跟金钱有关的事情。”理财先生说，“我们进去吧，我带你们认识一下银行。”

“银行是可以帮人们保管钱的地方。人们可以把自己的钱存进银行，这样这些钱就不会丢失了。”理财先生解释说。

“可如果大家都把钱存进银行，我怎么知道哪些钱是我的呢？”壮壮牛不解地问。

“问得好！当你要存钱的时候，银行会为你开设专属银行账户。你的银行账户会记录你什么时候存了钱、存了多少钱，以及什么时候取了钱、取了多少钱。”

“我觉得我自己就能把钱保管好，不需要别人代劳，而且谁也不敢来夺走我的钱。”卷毛狮自信地说。

“哈哈，可是你知道吗？把钱存进银行还有一个好处，就是银行会为存钱的人支付利息。”

“什么是利息？”咩咩羊不解地问。

“利息就是你把钱存进银行后从银行取得的报酬。也就是说你从银行取出的钱会比你存进去的钱要多。”

“钱会变多？嗯……我可以考虑把钱存进银行！”卷毛狮改变了主意。

“存钱有不同的方式，最常见的是活期存款和定期存款。”理财先生耐心地说，“活期存款适合存放平常需要用到的钱。这种方式的优点是人们可以随用随取，非常方便。缺点是利息不是很高。”

“还有利息更高的存钱方式？”卷毛狮迫不及待地问。

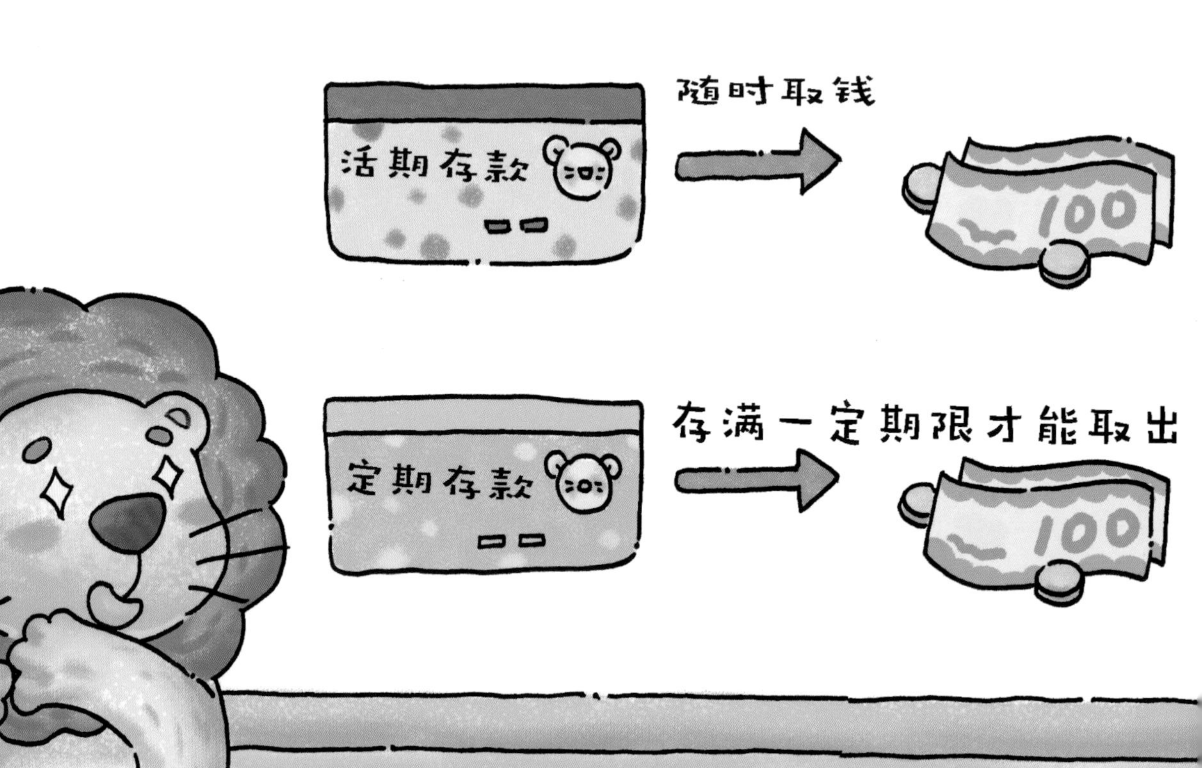

“是的，定期存款的利息会更高。这种方式适合存放人们在一段时间内用不到的钱。定期存款的存放时间越长，利息越高。但在你和银行约定的存款时间内，最好不要将钱取出来，否则你就拿不到定期存款的利息了。”

“原来如此。”卷毛狮若有所思地点点头，“可是利息是怎么计算出来的呢？”

“这个问题请我的同事丹顶鹤女士来回答吧。她是银行的出纳员，帮助人们存款和取款。”理财先生和柜台后的丹顶鹤女士打了个招呼。

丹顶鹤女士微笑着对小动物们说：“**利息=本金×存款期限×利率**。你存入银行的钱叫本金，而利率是指银行将本金的百分之几给你当作利息。所以，假如你把 100 元存进银行，一共存两年，年利率是 3%，那么两年之后你能拿到 6 元利息。这种计算利息的方式叫作单利。当你两年之后把原来的 100 元本金和 6 元利息再次存入银行，那么此时你的本金就变成了 106 元，所以第三年你将得到 106 元的 3% 作为利息，这就叫作复利。这样一来， 你的钱就会变得越来越多。”

粉粉猪听得有点晕乎，她边打哈欠边说：“总之，我只要知道我的钱放在银行会越变越多，我就放心了。”

“可是银行怎么才能赚到更多的钱给我们支付利息呢？”大眼猴边挠头边问。

“这个问题问得好！”理财先生说，“银行会把大家存入的钱借给需要用钱的人或者公司，然后收取利息来赚钱，这项业务叫作贷款。”

“银行的贷款利息只要比我们的存款利息高，银行就能赚到更多的钱！”大眼猴恍然大悟。

“没错！你发现了银行赚钱的秘密。”理财先生笑着夸奖大眼猴。

“可是任何人都能从银行借到钱吗？”爱思考的乖乖熊问，“要是借了钱不还怎么办？”

“乖乖熊考虑得很周全，我带你们去问问我的另外一位同事红狐狸先生吧。”理财先生笑着说。

理财先生带着大家上了银行的二楼，来到一间写着“信贷部”的办公室。正在打电话的红狐狸先生看到理财先生带着小动物们过来，很快挂了电话，起身迎接。

“红狐狸先生，你给孩子们讲讲要怎样才能从银行贷款吧！”

“假设有一个人想开蛋糕店，可是自己的钱不够，想从银行借一些钱。那么，他首先需要向银行提出贷款申请，接着银行会对他的信用进行评估，比如调查这个人有没有过借钱不还的情况等。如果有，那银行就不会贷款给他。然后银行还要调查他是否具有经营蛋糕店的资格，同时对蛋糕店未来能否赚钱进行评估。只有这样，银行才能确保在约定的时间内收回贷款和利息。此外，这个人还需要向银行抵押他的某样比较贵重的东西，比如他的房子。当他无法偿还贷款时，他的房子就成了他偿还银行贷款的‘替代品’。”

贷款申请表

信用

经营资格

店铺评估

抵押物

“看来，银行有很多方法来保障钱的安全。”乖乖熊说。

红狐狸先生继续说：“通过向银行贷款，各行各业的人可以得到更多金钱的帮助。”

“所以，我们这家银行来到动物城，可以帮助动物城变得更好哦！”理财先生说，“也许，在不久的将来，这里会出现更多各式各样的店铺，动物城会变得更繁华。”

100
100
100
100
100
100

就在这时，孔雀先生朝他们走了过来。理财先生向大

介绍道：“这位是孔雀先生，他在银行的信用卡中心工作。

“什么是信用卡呀？”刺儿头忙问。

“你们把钱存入银行后，会得到一张储蓄卡。储蓄

需要你们先存钱，然后才能取钱拿去花。而信用卡则相反，

是你们先花钱，再把钱还给银行。”孔雀先生捋了捋他

丽的羽毛说。

100
存
储蓄卡
购物
信用卡
购物
还
100
信用

“哇，还可以这样？听起来真不错。”卷毛狮两眼放光地说。

“跟贷款一样，办理信用卡也以信用为基础。只有信用良好，且具备偿还能力的人才能办理信用卡。银行也会对此进行审查的。”孔雀先生严肃地说，“不过人们使用信用卡时，往往会比直接使用现金或储蓄卡花得更多。所以千万要注意，用信用卡时一定不能超过自己的偿还能力！”

信用记录
个人信用良好
② 经济情况
100
“说起来，信用卡还有一个很大的优点呢！在不同的国家，无须兑换当地的货币，就能直接使用信用卡消费！”理财先生说。

“兑换货币？”壮壮牛听到一个新名词，赶紧追问。

“是的。说到兑换货币，请我们银行国际部的Miss鼠给你们介绍一下吧。”说着，理财先生把大家带到了国际部。Miss鼠热情地跟小动物们打招呼道：“Hello，everybody！ Nice to meet you！”

理财先生告诉 Miss 鼠大家对货币兑换感兴趣，Miss 鼠笑着说：“世界上的很多国家都拥有自己的货币。由于货币不同，一个国家的货币很难在另外一个国家使用。当我们要去其他国家时，就得把钱兑换成当地使用的货币。简单来说，货币兑换就是用一个国家的钱去换另外一个国家同等价值的钱，而银行就可以帮助人们实现货币兑换。”

“银行真是神通广大呀！”壮壮牛不禁赞叹道。

XX
XX
XX
XX

“理财先生，那您在银行主要是做什么工作呢？”刺儿头好奇地问。

“我的职务是理财顾问。”理财先生回答道，“我的工作是帮助人们合理地规划和使用自己的钱，就像帮助你们合理地积累和使用零花钱一样。”

“人们把赚到的钱存到银行后，除了活期和定期存款以外，往往不知道如何让这些钱赚到更多的钱，这就需要我来帮他们进行规划了。这项工作就叫作投资理财。”

“哇，您好厉害呀！”卷毛狮说，“我长大了也想成为理财顾问！”

“今天带大家到我工作的动物城银行来参观，大家感觉如何？”回到银行大门口，理财先生问小动物们。

“银行真是金钱的管家啊！”刺儿头说。

“金钱的学问太多啦！”大眼猴说。

“关于银行的一切，我还得回去好好消化消化！但是消化知识之前，我得先把肚子填饱了！”粉粉猪摸着饿得扁扁的肚子说。

“哈哈……”大家都开心地笑了起来。

图书在版编目（CIP）数据

理财真好玩. 神奇的银行 / 乐凡，唯智著；段张取艺绘. --北京：电子工业出版社，2020.11

ISBN 978-7-121-39720-2

Ⅰ. ①理… Ⅱ. ①乐… ②唯… ③段… Ⅲ. ①财务管理—少儿读物 Ⅳ. ①TS976.15-49

中国版本图书馆CIP数据核字（2020）第189273号

责任编辑：王　丹　文字编辑：冯曙琼
印　　刷：北京缤索印刷有限公司
装　　订：北京缤索印刷有限公司
出版发行：电子工业出版社
　　　　　北京市海淀区万寿路173信箱　邮编：100036
开　　本：889×1194　1/24　　印张：8.25　　字数：126.1千字
版　　次：2020年11月第1版
印　　次：2024年9月第5次印刷
定　　价：99.00元（全6册）

凡所购买电子工业出版社图书有缺损问题，请向购买书店调换。若书店售缺，请与本社发行部联系，联系及邮购电话：（010）88254888，88258888。

质量投诉请发邮件至zlts@phei.com.cn，盗版侵权举报请发邮件至dbqq@phei.com.cn。

本书咨询联系方式：（010）88254161转1823。